런런 속스퍼드 수학

KB130599

6권

곱셈과 나눗셈, 분수

안녕!
나는 더블이야.

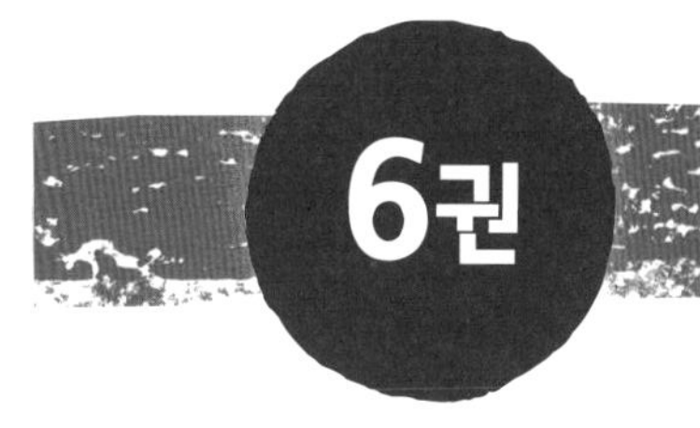

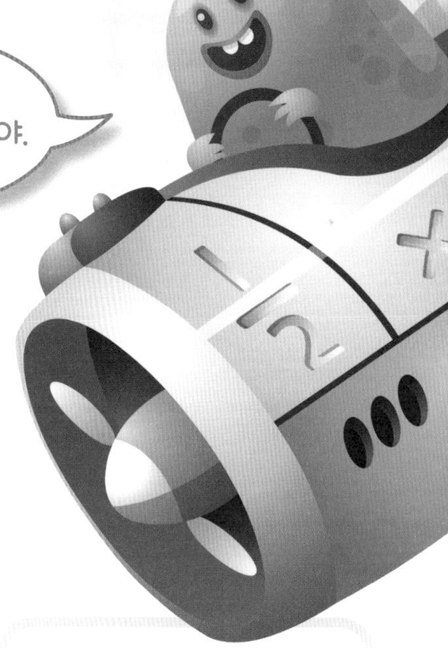

차 례

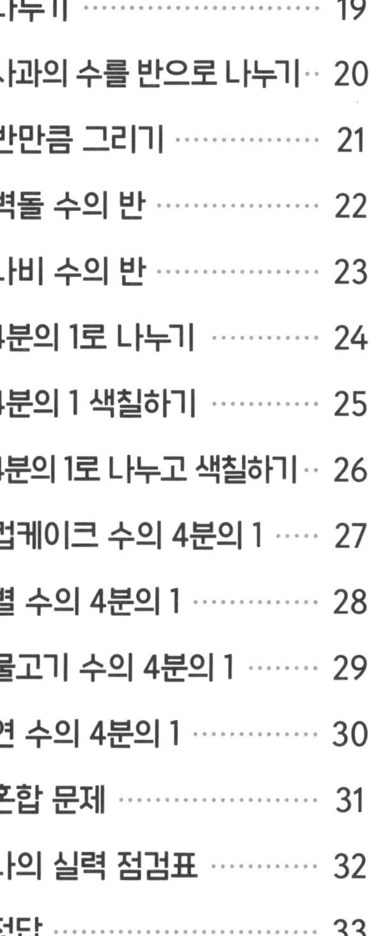

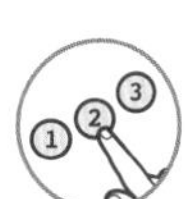

 수 세기

 동그라미 하기

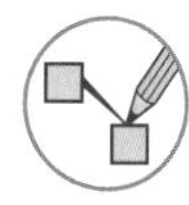

 선 잇기

 그리기

 쓰기

 놀이하기

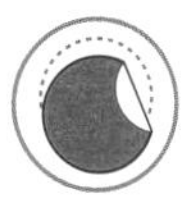

 스티커 붙이기

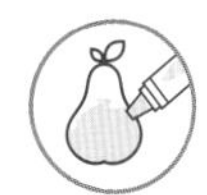

 색칠하기

별을 2씩 묶어 세기

 별을 2씩 묶어서 세어 보고, ◯ 안에 알맞은 수를 쓰세요.

2개씩 줄지어 놓고
2씩 묶어 세면
수 세기가 더 쉬워져.
2, 4, 6.

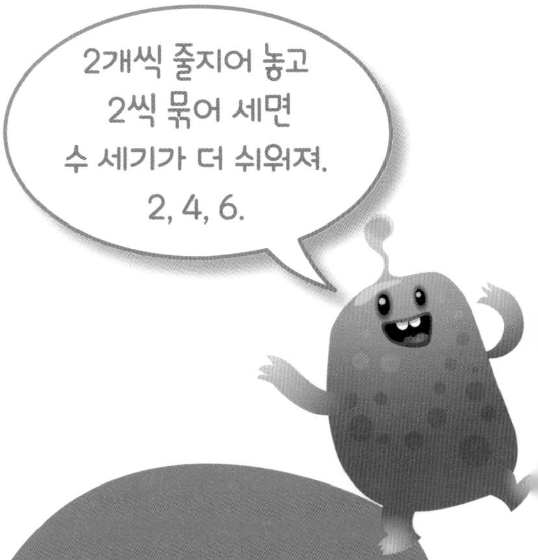

별은 모두 몇인가요?   6

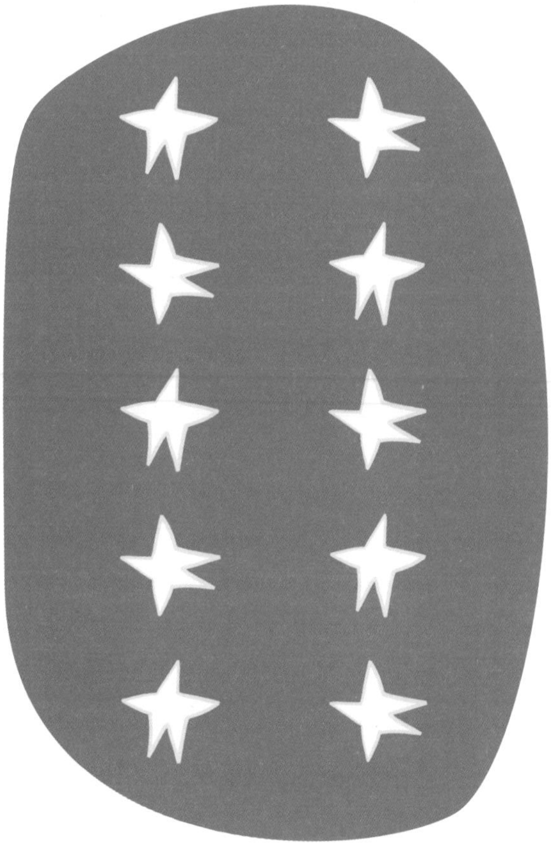

별은 모두 몇인가요? ◻

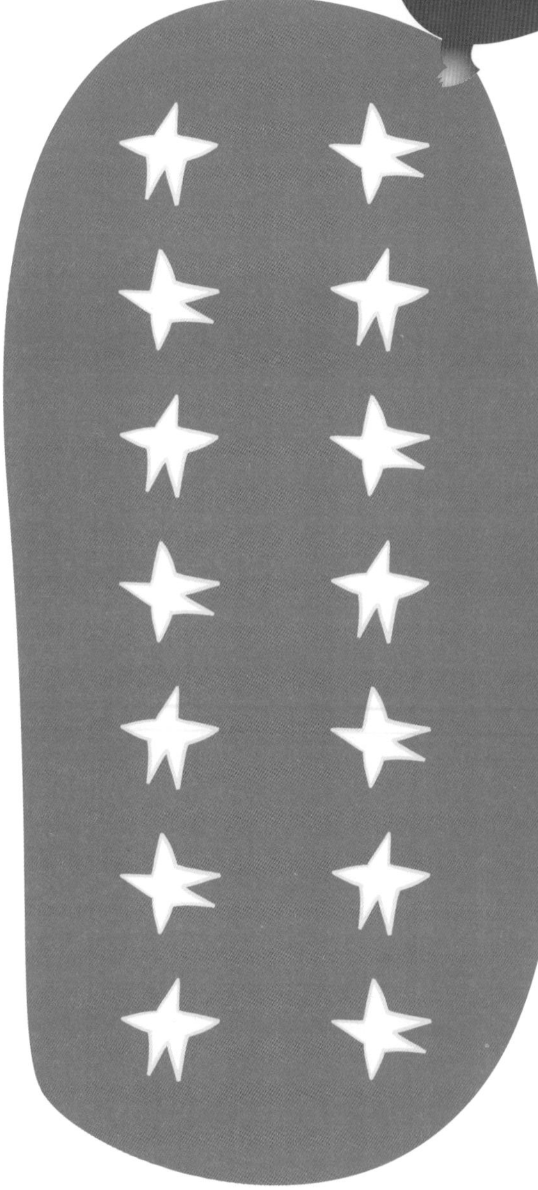

별은 모두 몇인가요? ◻

100까지 2씩 뛰어 세기

 2씩 뛰어 세면서 각각의 수에 색칠하세요.

1	2	3	4	5	6	7	8	9	10
11	12	13	14	15	16	17	18	19	20
21	22	23	24	25	26	27	28	29	30
31	32	33	34	35	36	37	38	39	40
41	42	43	44	45	46	47	48	49	50
51	52	53	54	55	56	57	58	59	60
61	62	63	64	65	66	67	68	69	70
71	72	73	74	75	76	77	78	79	80
81	82	83	84	85	86	87	88	89	90
91	92	93	94	95	96	97	98	99	100

색칠을 다 했니?
색칠한 숫자를 순서대로
읽어 보면서 규칙을 찾아봐.
어떤 규칙이 있을까?

잘했어!

칭찬 스티커를
붙이세요.

문제를 다 푼 다음, 32쪽으로!

100까지 10씩 뛰어 세기

 10씩 뛰어 세면서 각각의 수에 색칠하세요.

색칠한 숫자를 순서대로 읽어 볼래?

1	2	3	4	5	6	7	8	9	10
11	12	13	14	15	16	17	18	19	20
21	22	23	24	25	26	27	28	29	30
31	32	33	34	35	36	37	38	39	40
41	42	43	44	45	46	47	48	49	50
51	52	53	54	55	56	57	58	59	60
61	62	63	64	65	66	67	68	69	70
71	72	73	74	75	76	77	78	79	80
81	82	83	84	85	86	87	88	89	90
91	92	93	94	95	96	97	98	99	100

 빈 곳에 빠진 수를 쓰세요.

빗방울을 10씩 묶어 세기

 10씩 묶어서 세어 보고, ☐ 안에 알맞은 수를 쓰세요.

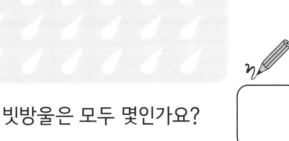
사물을 10개씩 한 줄로 늘어놓으면 수 세기가 훨씬 쉬워. 10, 20, 30.

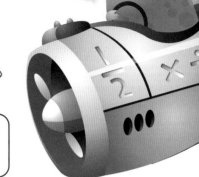

빗방울은 모두 몇인가요? ☐

우산은 모두 몇인가요? ☐

잘했어!

칭찬 스티커를 붙이세요.

모자는 모두 몇인가요? ☐

문제를 다 푼 다음, 32쪽으로!

100까지 5씩 뛰어 세기

색칠한 숫자를
큰 소리로 읽어 보자.

 5씩 뛰어 세면서 각각의 수에 색칠하세요.

1	2	3	4	5	6	7	8	9	10
11	12	13	14	15	16	17	18	19	20
21	22	23	24	25	26	27	28	29	30
31	32	33	34	35	36	37	38	39	40
41	42	43	44	45	46	47	48	49	50
51	52	53	54	55	56	57	58	59	60
61	62	63	64	65	66	67	68	69	70
71	72	73	74	75	76	77	78	79	80
81	82	83	84	85	86	87	88	89	90
91	92	93	94	95	96	97	98	99	100

 손가락을 5씩 뛰어 세기를 하면서 100까지 세어 보세요.

 빈 곳에 빠진 수를 쓰세요.

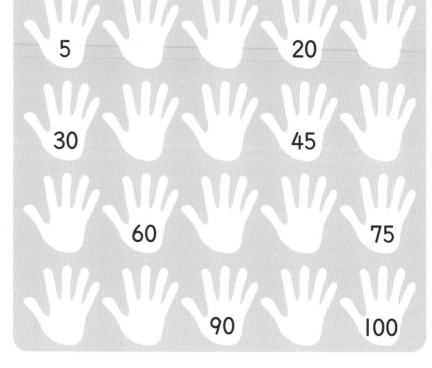

5   20

30   45

60   75

90   100

딸기를 5씩 묶어 세기

 딸기를 5씩 묶어서 세어 보고, 모두 몇 개인지 ⬭ 안에 알맞은 수를 쓰세요.

사물을 5개씩 한 줄로 늘어놓으면 수 세기가 쉬워.

[ ] 개

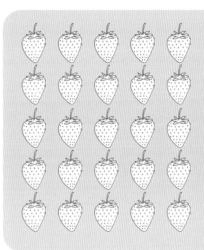

[ ] 개

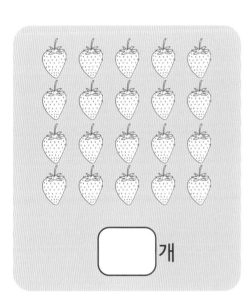

[ ] 개

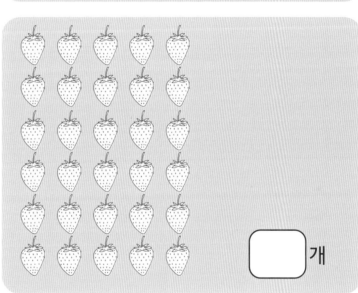

[ ] 개

 묶어 세기 놀이

블록을 2개씩 3줄로 늘어놓으세요. 2씩 뛰어 세기를 해서 블록이 모두 몇 개인지 말해 보세요. 이번에는 블록을 2개씩 8줄로 늘어놓으세요. 블록이 모두 몇 개인가요?

블록을 5개씩 2줄로 늘어놓으세요. 5씩 뛰어 세기를 해서 블록이 모두 몇 개인지 말해 보세요. 이번에는 블록을 5개씩 5줄로 늘어놓으세요. 블록이 모두 몇 개인가요?

칭찬 스티커를 붙이세요.

문제를 다 푼 다음, 32쪽으로!

몇 개씩 묶어서 그리기

 각 그릇에 사과를 2개씩 그리세요.

 사과를 2씩 묶어서 세어 보고, 모두 몇 개인지 ⬜ 안에 알맞은 수를 쓰세요.

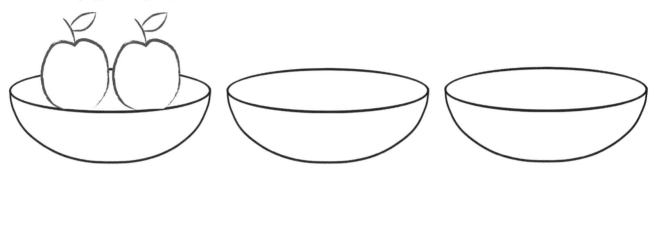

 ⬜ 개

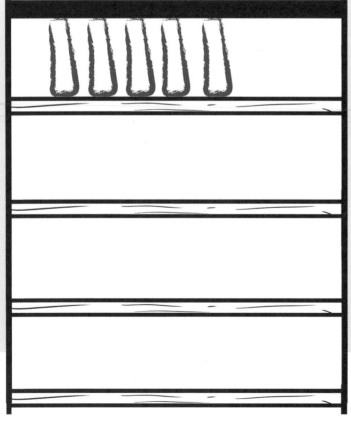

 각 선반에 책을 5권씩 그리세요.

 책을 5씩 묶어서 세어 보고, 모두 몇 권인지 ⬜ 안에 알맞은 수를 쓰세요.

⬜ 권

각 쟁반에 컵케이크를 10개씩 그리세요.

 컵케이크를 10씩 묶어서 세어 보고, 모두 몇 개인지 ◯ 안에 알맞은 수를 쓰세요.

나는 컵케이크를 좋아해!

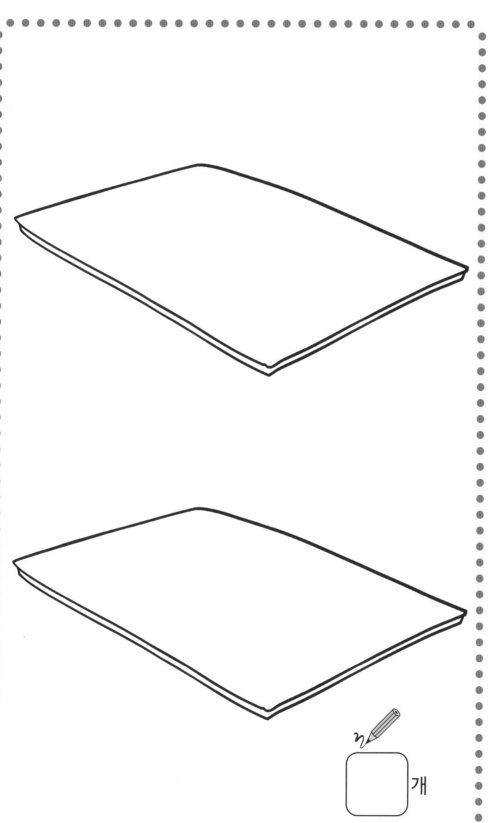

◯ 개

잘했어!

칭찬 스티커를 붙이세요.

문제를 다 푼 다음, 32쪽으로!

보트를 2씩 묶어 세기

 보트를 2씩 묶어서 세어 보세요.

나는 2씩 뛰어 셀 수 있어. 2, 4, 6, 8, l0, l2.

 각각 알맞은 수를 찾아 선으로 이으세요.

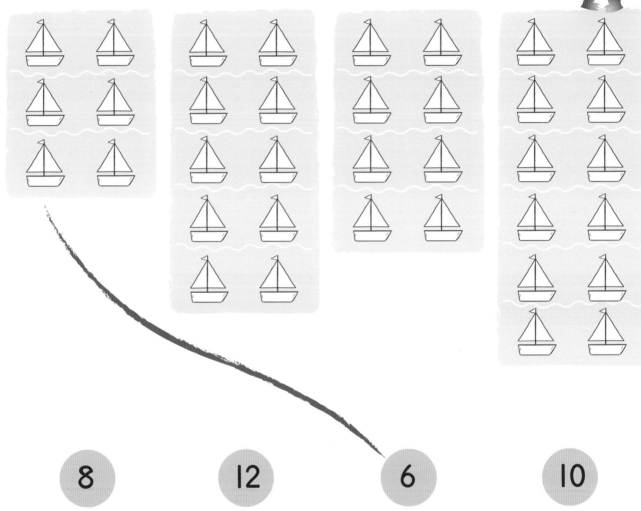

8   l2   6   l0

2씩 묶어서 셀 수 있는 것에 무엇이 있을까?

 2씩 묶어 세기 놀이

주변에서 2씩 묶어 셀 수 있는 물건을 찾아보세요.
양말, 장갑, 운동화 외에 또 무엇이 있는지 찾아볼까요?

양말 5켤레를 한 줄로 늘어놓으세요. 모두 몇 개인지 2씩 묶어 세어 보세요.
양말 6켤레는 모두 몇 개인가요? l0켤레는 몇 개인가요?

양초를 10씩 묶어 세기

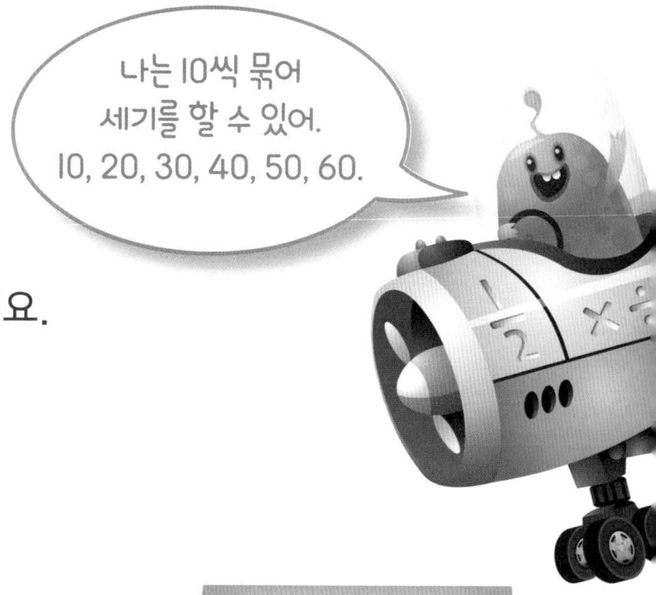

 양초를 10씩 묶어서 세어 보세요.

 각각 알맞은 수를 찾아 선으로 이으세요.

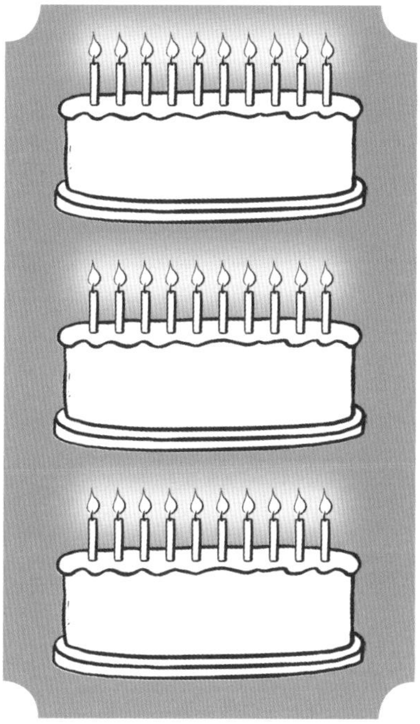

40

60

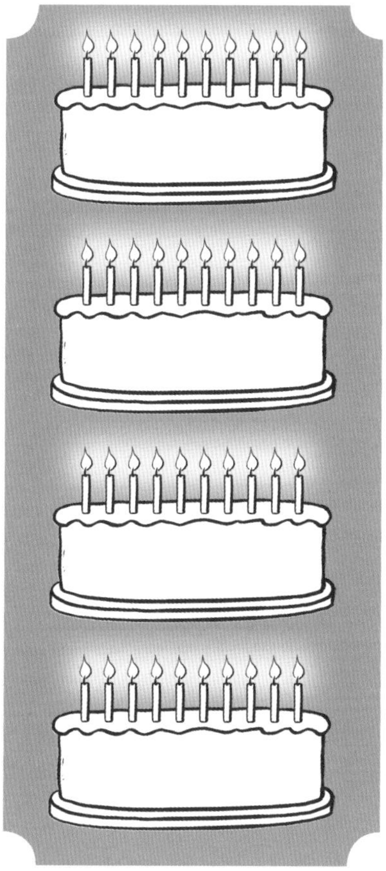

30

80

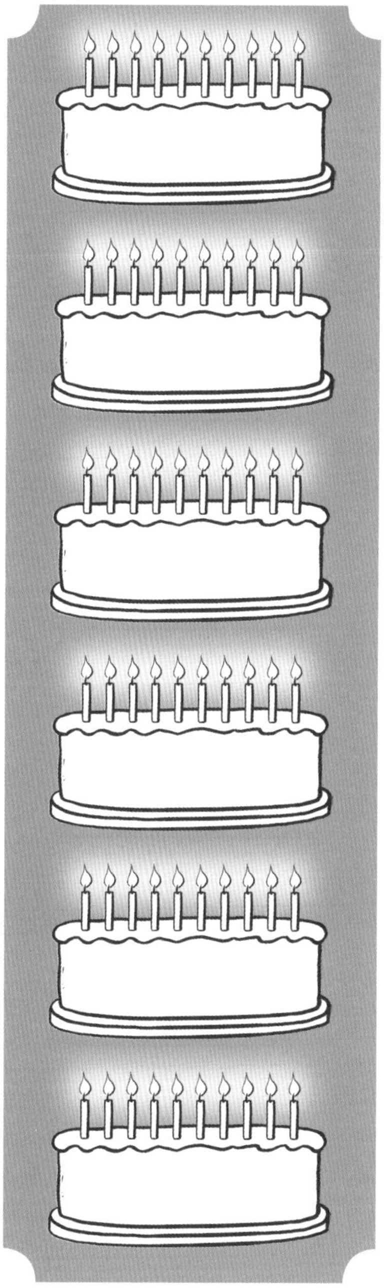

물고기를 5씩 묶어 세기

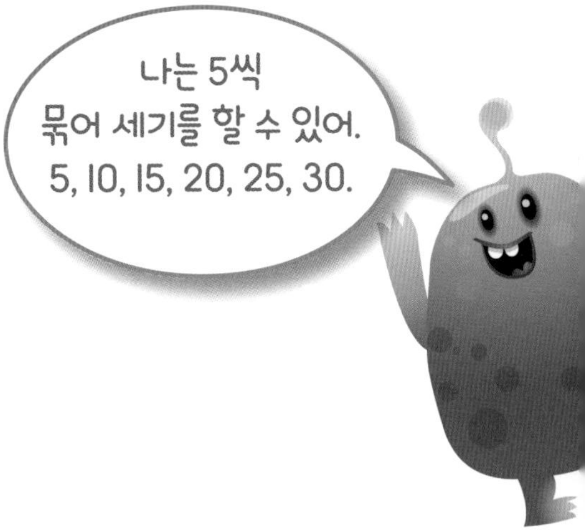

 물고기를 5씩 묶어서 세어 보세요.

 각각 알맞은 수를 찾아 선으로 이으세요.

나는 5씩 묶어 세기를 할 수 있어. 5, 10, 15, 20, 25, 30.

30

20

15

25

칭찬 스티커를 붙이세요.

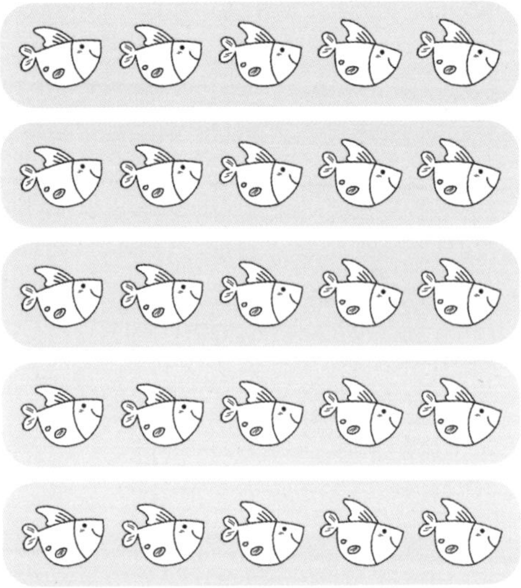

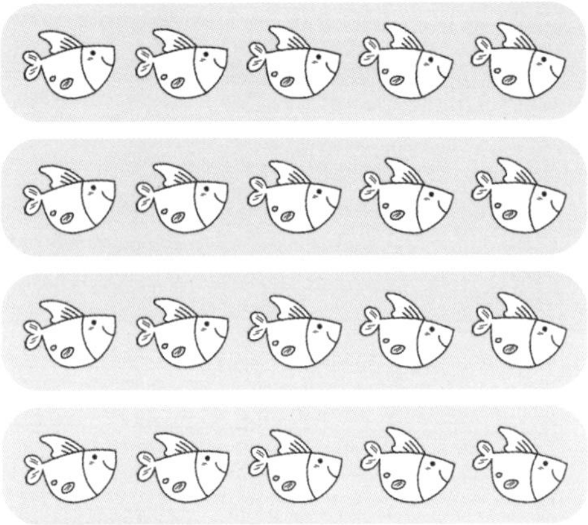

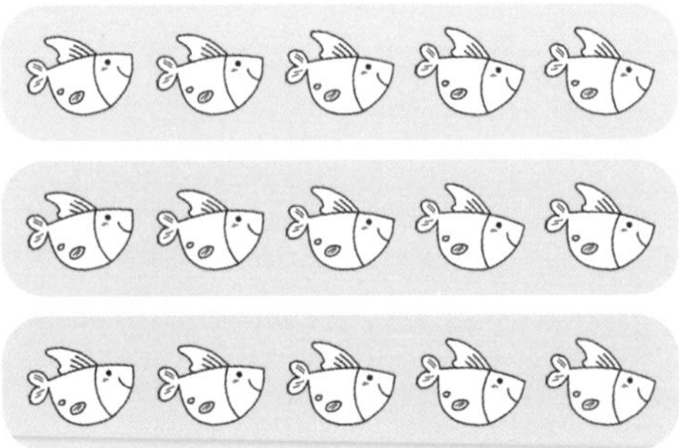

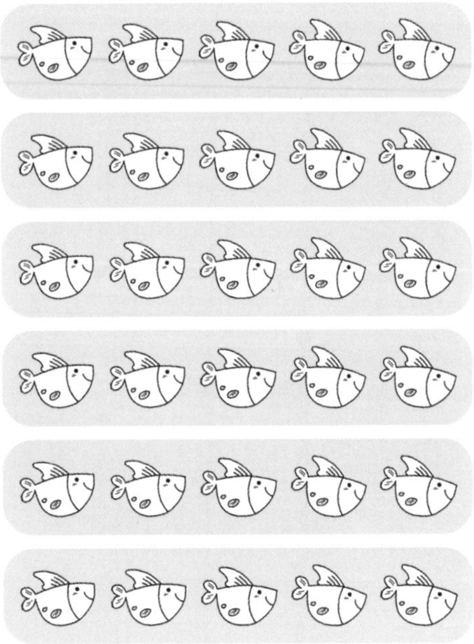

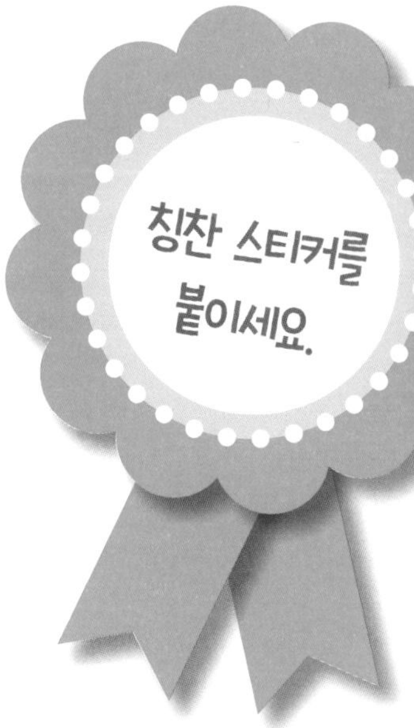

문제를 다 푼 다음, 32쪽으로!

2씩 몇 묶음

 풍선을 2씩 묶은 다음, ☐ 안에 알맞은 수를 쓰세요.

풍선이 날아가지 않게 2개씩 묶어 보자.

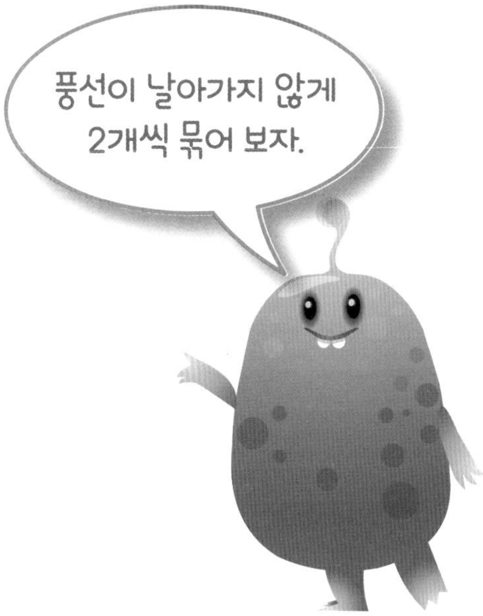

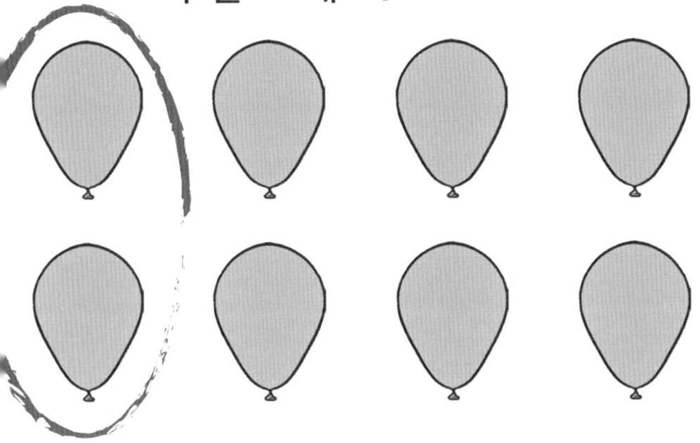

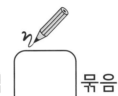

2씩 ☐ 묶음

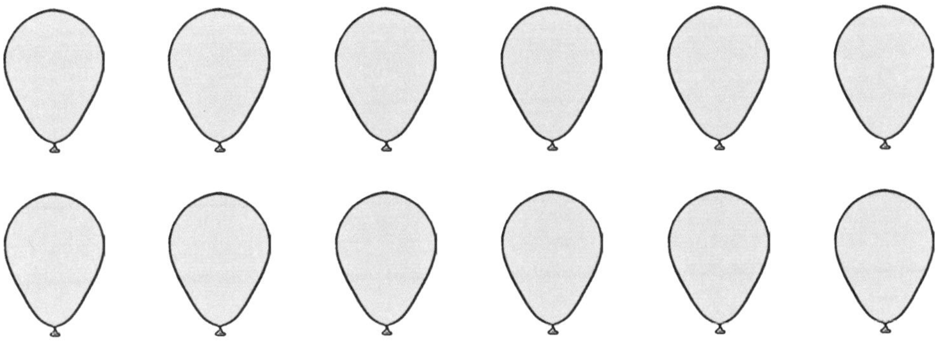

2씩 ☐ 묶음

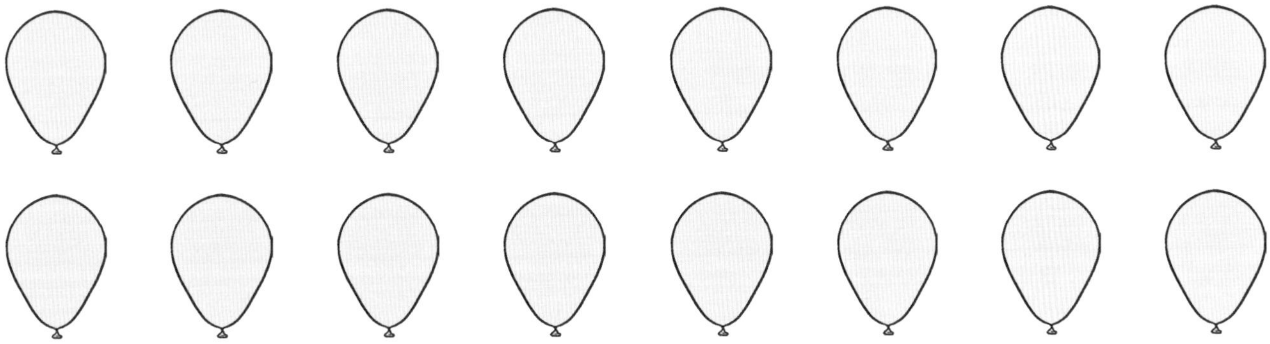

2씩 ☐ 묶음

10씩 몇 묶음

 ★★ 축구공을 10씩 묶은 다음, ☐ 안에 알맞은 수를 쓰세요.

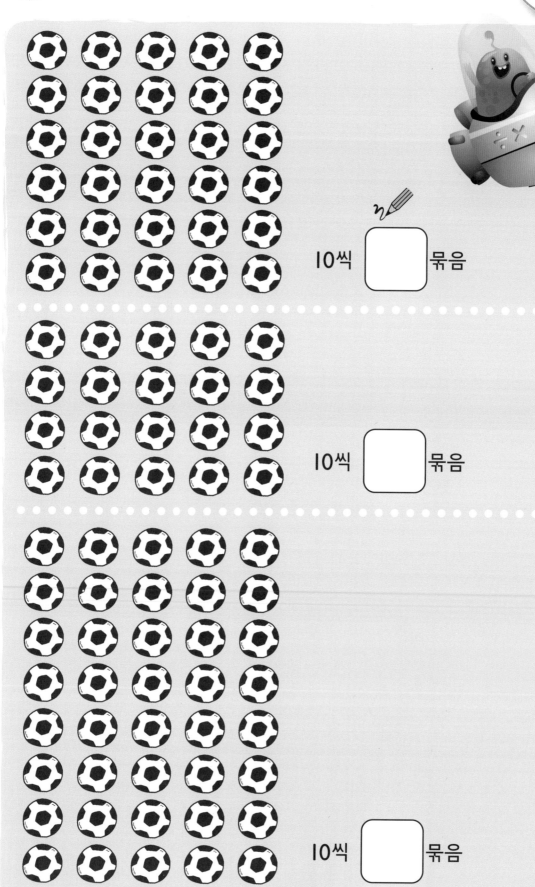

10씩 ☐ 묶음

10씩 ☐ 묶음

10씩 ☐ 묶음

5씩 몇 묶음

 양을 5씩 묶은 다음, ☐ 안에 알맞은 수를 쓰세요.

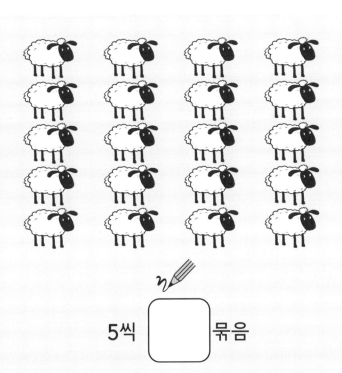

양이 도망가지 않게 5마리씩 묶어 보자.

5씩 ☐ 묶음

5씩 ☐ 묶음

칭찬 스티커를 붙이세요.

5씩 ☐ 묶음

문제를 다 푼 다음, 32쪽으로!

똑같이 나누기

 구슬 6개가 3개의 줄에 똑같은 수로 나누어지도록 구슬 스티커를 붙이세요.

‿‿‿‿‿‿‿‿‿‿   ‿‿‿‿‿‿‿‿‿‿

‿‿‿‿‿‿‿‿‿‿

 구슬 15개가 5개의 줄에 똑같은 수로 나누어지도록 구슬 스티커를 붙이세요.

‿‿‿‿‿‿‿‿‿‿   ‿‿‿‿‿‿‿‿‿‿

‿‿‿‿‿‿‿‿‿‿   ‿‿‿‿‿‿‿‿‿‿

‿‿‿‿‿‿‿‿‿‿

각각의 줄에 달린 구슬의 수가 똑같은지 세어 봐.

 똑같이 나누기 놀이

인형과 소풍놀이를 해요. 과자 10개를 인형 둘에게 똑같이 나눠 주세요.
각각 과자를 몇 개씩 나눠 줄 수 있나요?

20개의 블록으로 5개의 똑같은 탑을 쌓아 보세요. 탑을 쌓는 데 블록을
몇 개씩 사용하였나요? 이번에는 30개의 블록을 사용해 보세요.
각 탑에 블록이 몇 개씩 있나요?

칭찬 스티커를 붙이세요.

16

문제를 다 푼 다음, 32쪽으로!

반으로 나누기

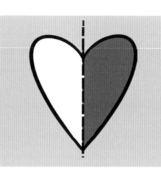

반은 전체를 모양과 크기가 같게 둘로 나눈 것 중 하나야.

 반으로 나누어진 것을 모두 찾아 ○표 하세요.

반쪽 색칠하기

 각 모양의 반을 색칠하세요.

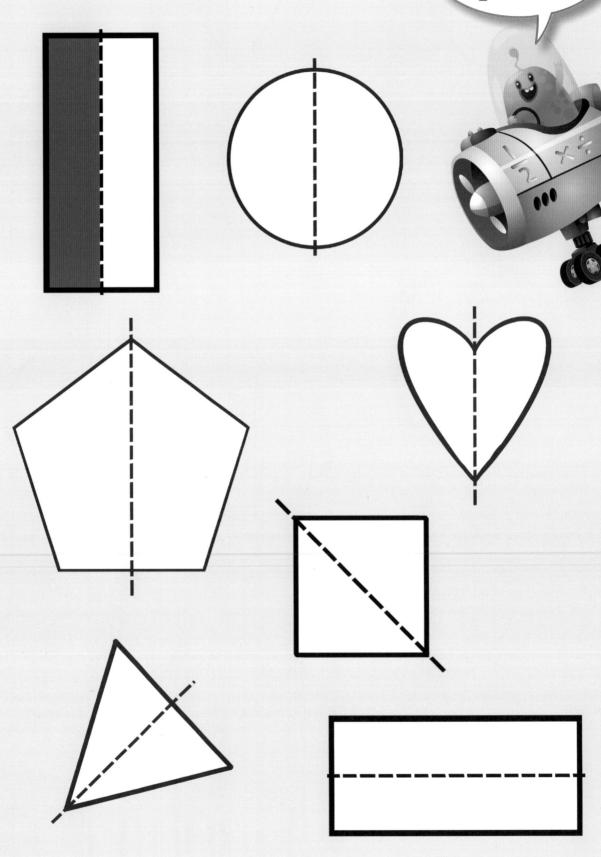

여러 가지 도형을 반으로 나누기

 여러 가지 도형으로 로봇을 만들었어요.
각각의 도형을 반으로 나눈 다음, 반을 색칠하세요.

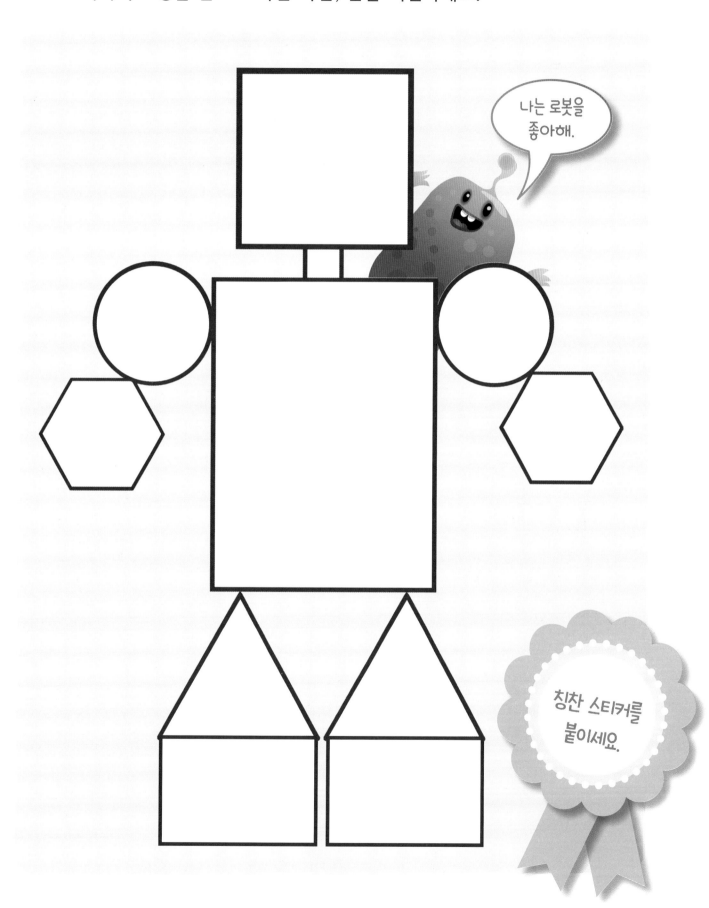

나는 로봇을
좋아해.

칭찬 스티커를
붙이세요.

문제를 다 푼 다음, 32쪽으로!

사과의 수를 반으로 나누기

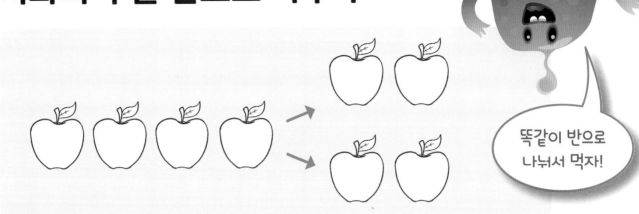

똑같이 반으로 나눠서 먹자!

 사과의 수를 세어 보고, 그 수의 반만큼 각각의 접시에 사과 스티커를 붙이세요.

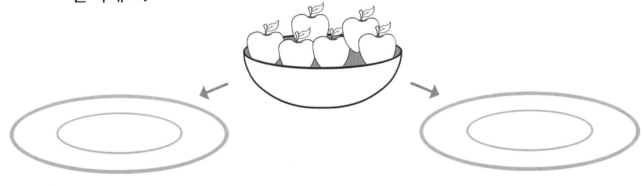

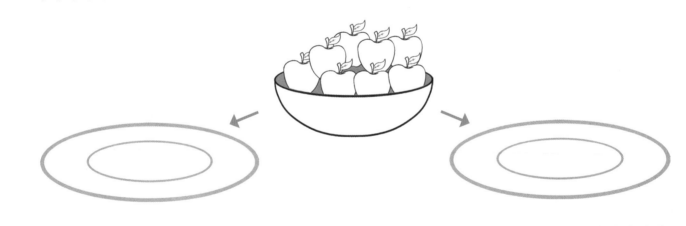

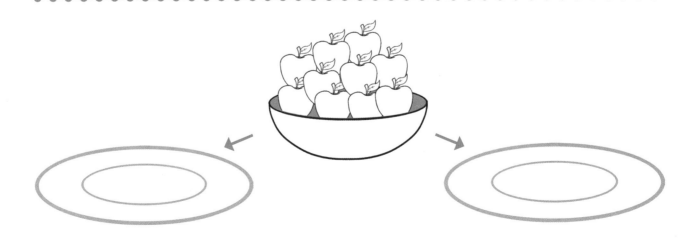

반만큼 그리기

 별의 수를 세어 보고, 그 수의 반만큼 빈칸에 그리세요.

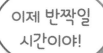
이제 반짝일 시간이야!

벽돌 수의 반

 벽돌의 수를 세어 보고, 그 수의 반이 되는 수를 찾아 선으로 이으세요.

 벽돌을 똑같은 수 2묶음으로 나눈 다음, 1묶음의 수를 세어 봐. 그 수가 바로 전체의 반이 되는 수야.

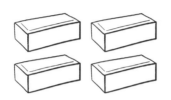

12

8

6

18

9

4

2

14

16

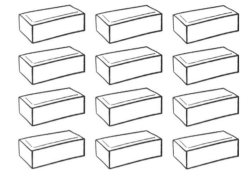

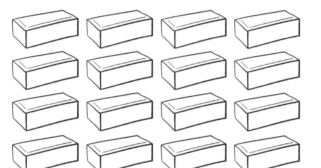

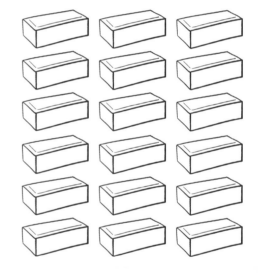

 ## 반으로 나누기 놀이

책꽂이에 6권의 책을 꽂으세요. 책의 반을 치우세요. 남아 있는 책의 반은 몇 권인가요? 책의 권수를 바꿔 가며 여러 번 놀이해 보세요.

8개의 쿠키를 준비하세요. 가족들이 먹을 수 있도록 반으로 나눠 2개의 접시에 나눠 담아요. 각각의 접시에 몇 개의 쿠키가 있는지 세어 보세요.

칭찬 스티커를 붙이세요.

문제를 다 푼 다음, 32쪽으로!

나비 수의 반

 나비의 수를 세어 보고, 그 수의 반을 색칠하세요. ⬜ 안에는 알맞은 수를 쓰세요.

나비들이 훨훨!

10의 반은 몇인가요? 5

18의 반은 몇인가요? ⬜

14의 반은 몇인가요? ⬜

8의 반은 몇인가요? ⬜

칭찬 스티커를 붙이세요.

문제를 다 푼 다음, 32쪽으로!

4분의 1로 나누기

4분의 1은 전체를 똑같이 4조각으로 나눈 것 중 1조각이야.

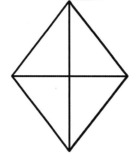

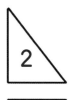

 똑같이 4조각으로 나눈 모양을 모두 찾아 ○표 하세요.

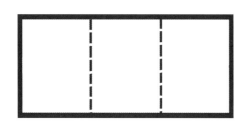

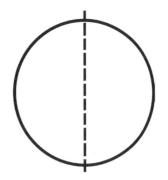
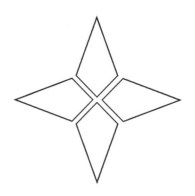

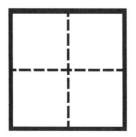

4분의 1 색칠하기

 각 모양의 4분의 1을 색칠하세요.

4분의 1은 $\frac{1}{4}$로 쓸 수 있어.

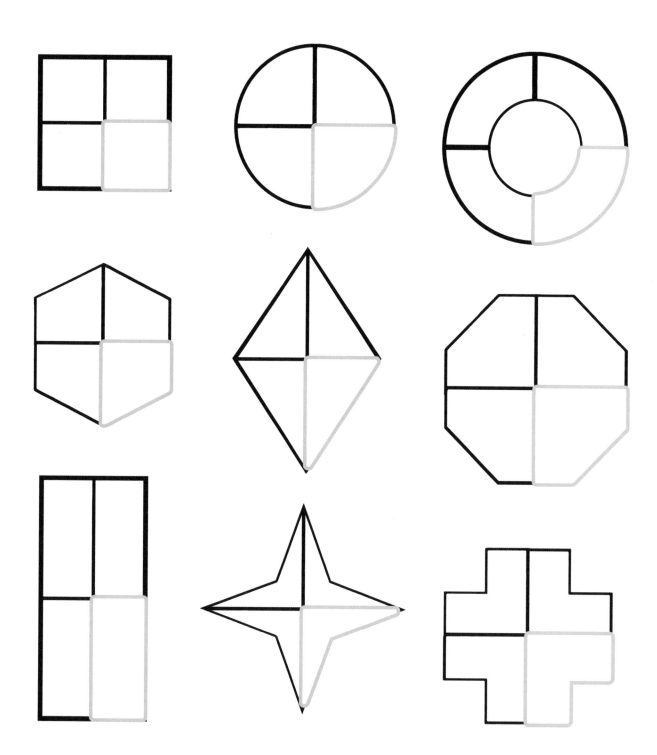

4분의 1로 나누고 색칠하기

 여러 가지 모양으로 성을 만들었어요. 색칠하지 않은 모양을 똑같이
4조각으로 나누어 4분의 1만큼 색칠하세요.

나는 이 성의
왕이다!

 ## 색종이 나누기 놀이

색종이를 반으로 접은 다음, 또 한 번 반으로 접으세요.
접은 모양대로 자르고, 모두 몇 조각인지 세어 보세요. 각각의 조각을
겹쳐서 크기와 모양이 같은지 확인하세요. 이번에는 식빵을 똑같이
4조각으로 나눠 보세요.

칭찬 스티커를
붙이세요.

문제를 다 푼 다음, 32쪽으로!

컵케이크 수의 4분의 1

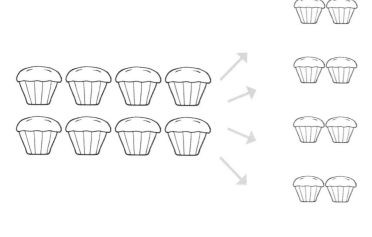

4분의 1은 전체를 똑같은 수의 4묶음으로 나눈 것 중 1묶음이야.

 컵케이크의 수를 세어 보고, 컵케이크를 4개의 접시에 똑같이 나누어 담은 스티커를 찾아 붙이세요.

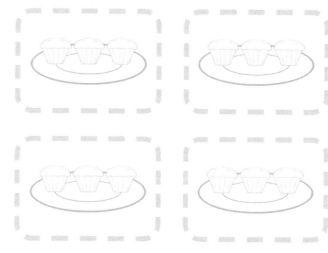

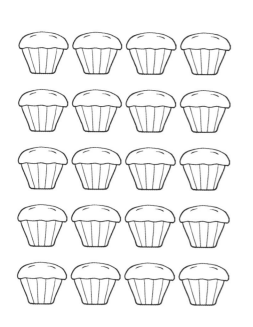

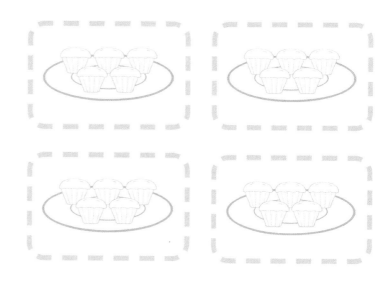

별 수의 4분의 1

 별의 수를 세어 보고, 그 수의 4분의 1을 색칠하세요.

각 수의 4분의 1이
몇인지 알 수 있니?
어려우면 똑같은 수의
4묶음으로 나눠 봐.

물고기 수의 4분의 1

 물고기의 수를 세어 보고, 그 수의 4분의 1이 되는 수를 찾아 선으로 이으세요.

물고기를 똑같은 수의 4묶음으로 나눠 봐. 그중 1묶음이 4분의 1이야.

3

5

1

6

2

7

4

9

8

 분수 놀이

그릇 안에 바나나 4개를 넣으세요. 바나나의 4분의 1를 꺼내세요.
바나나 4개의 4분의 1은 몇 개인가요?

종이비행기 12개를 만드세요. 종이비행기의 4분의 1을 날리세요.
몇 개의 비행기를 날렸나요? 몇 개가 남았나요?

칭찬 스티커를 붙이세요.

문제를 다 푼 다음, 32쪽으로!

연 수의 4분의 1

 연의 수를 세어 보고, 그 수의 4분의 1을 색칠하세요. ⬜ 안에는 알맞은 수를 쓰세요.

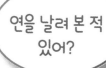 연을 날려 본 적 있어?

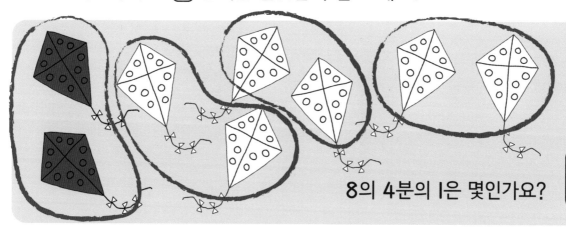

8의 4분의 1은 몇인가요? **2**

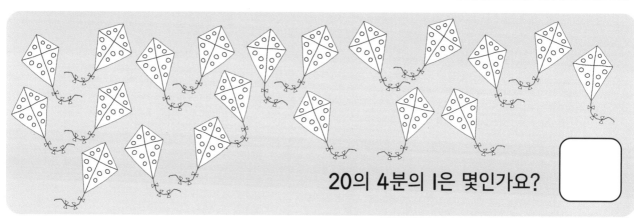

20의 4분의 1은 몇인가요? ⬜

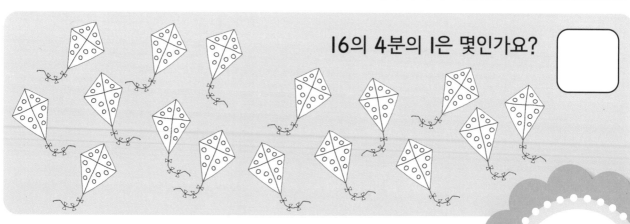

16의 4분의 1은 몇인가요? ⬜

칭찬 스티커를 붙이세요.

4의 4분의 1은 몇인가요? ⬜

문제를 다 푼 다음, 32쪽으로!

혼합 문제

분홍색으로 묶은 물건의 수는 전체의
몇 분의 몇인지 ◯ 안에 쓰세요.

잊지 마. $\frac{1}{2}$은 반이고, $\frac{1}{4}$은 반의 반이야.

$$\frac{1}{4}$$

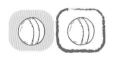

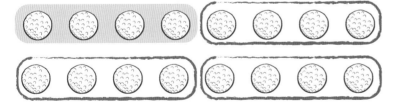

칭찬 스티커를
붙이세요.

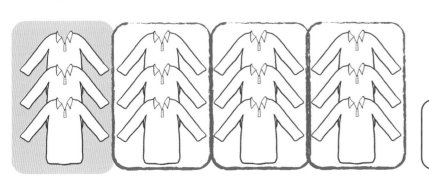

문제를 다 푼 다음, 32쪽으로!

나의 실력 점검표

 얼굴에 색칠하세요.

쪽	나의 실력은?	스스로 점검해요!
2~3	사물을 2개씩 한 묶음으로 정렬해서 2씩 묶어 셀 수 있어요.	(•‿•) (•__•) (•︵•)
4~5	사물을 10개씩 한 묶음으로 정렬해서 10씩 묶어 셀 수 있어요.	(•‿•) (•__•) (•︵•)
6~7	사물을 5개씩 한 묶음으로 정렬해서 5씩 묶어 셀 수 있어요.	(•‿•) (•__•) (•︵•)
8~9	사물을 2개씩, 5개씩, 10개씩 한 묶음으로 정렬하고, 2씩, 5씩, 10씩 뛰어 세어 모두 몇 개인지 알 수 있어요.	(•‿•) (•__•) (•︵•)
10~12	사물을 2개씩, 5개씩, 10개씩 묶어 셀 수 있어요.	(•‿•) (•__•) (•︵•)
13~15	사물을 2씩, 5씩, 10씩 몇 묶음으로 묶을 수 있어요.	(•‿•) (•__•) (•︵•)
16	사물을 똑같은 수로 나눌 수 있어요.	(•‿•) (•__•) (•︵•)
17~19	똑같이 두 조각으로 나눈 도형을 찾고, 그중에 반을 색칠할 수 있어요.	(•‿•) (•__•) (•︵•)
20~22	전체 수의 절반이 몇인지 알 수 있어요.	(•‿•) (•__•) (•︵•)
23	전체 수의 절반이 몇인지 쓸 수 있어요.	(•‿•) (•__•) (•︵•)
24~26	똑같이 네 조각으로 나눈 도형을 찾고, 그중에 한 조각을 색칠할 수 있어요.	(•‿•) (•__•) (•︵•)
27~29	전체 수의 4분의 1이 몇인지 알 수 있어요.	(•‿•) (•__•) (•︵•)
30	전체 수의 4분의 1이 몇인지 쓸 수 있어요.	(•‿•) (•__•) (•︵•)
31	한 묶음이 전체의 4분의 1인지 또는 절반인지 알 수 있어요.	(•‿•) (•__•) (•︵•)

나와 함께 한 공부 어땠어?

정답

2~3쪽

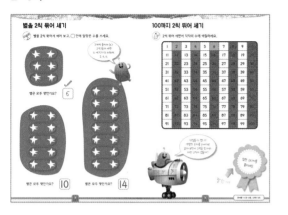

4~5쪽

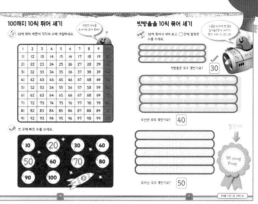

6~7쪽

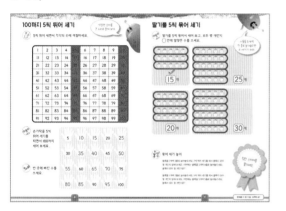

8~9쪽

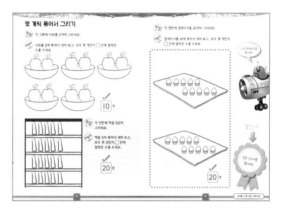

10~11쪽

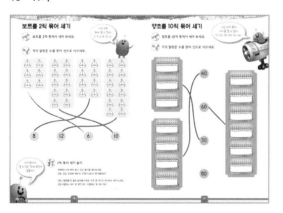

12~13쪽

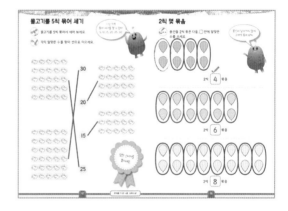

14~15쪽

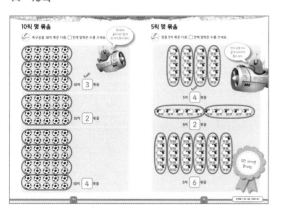

16~17쪽

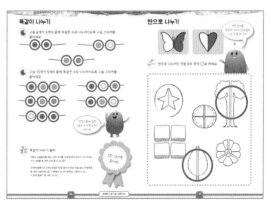

18~19쪽

20~21쪽

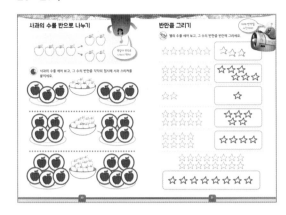

22~23쪽

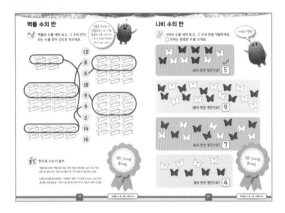

24~25쪽

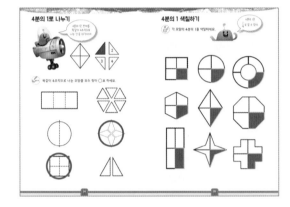

26~27쪽

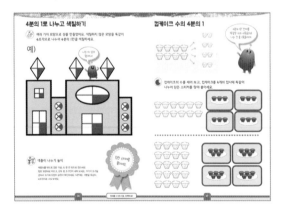

28~29쪽

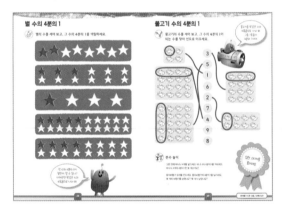

30~31쪽

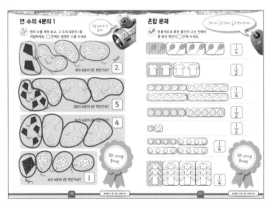

정리 노트

런런 옥스퍼드 수학

2-6 곱셈과 나눗셈, 분수

초판 1쇄 발행 2022년 12월 6일
글·그림 옥스퍼드 대학교 출판부 **옮김** 상상오름
발행인 이재진 **편집장** 안경숙 **편집 관리** 윤정원 **편집 및 디자인** 상상오름
마케팅 정지운, 김미정, 신희용, 박현아, 박소현 **국제업무** 장민경, 오지나 **제작** 신홍섭
펴낸곳 (주)웅진씽크빅
주소 경기도 파주시 회동길 20 (우)10881
문의 031)956-7403(편집), 02)3670-1191, 031)956-7065, 7069(마케팅)
홈페이지 www.wjjunior.co.kr **블로그** wj_junior.blog.me **페이스북** facebook.com/wjbook
트위터 @wjbooks **인스타그램** @woongjin_junior
출판신고 1980년 3월 29일 제406-2007-00046호
원제 PROGRESS WITH OXFORD: MATH
한국어판 출판권 ⓒ(주)웅진씽크빅, 2022 **제조국** 대한민국

『Multiplication, Division and Fractions』 was originally published in English in 2018.
This translation is published by arrangement with Oxford University Press.
Woongjin Think Big Co., LTD is solely responsible for this translation from the original work and
Oxford University Press shall have no liability for any errors, omissions or inaccuracies or ambiguities
in such translation or for any losses caused by reliance thereon.

Korean translation copyright ⓒ2022 by Woongjin Think Big Co., LTD
Korean translation rights arranged with Oxford University Press through EYA(Eric Yang Agency).

ISBN 978-89-01-26522-3
ISBN 978-89-01-26510-0 (세트)

잘못 만들어진 책은 바꾸어 드립니다.
주의 1. 책 모서리가 날카로워 다칠 수 있으니 사람을 향해 던지거나 떨어뜨리지 마십시오.
    2. 보관 시 직사광선이나 습기 찬 곳은 피해 주십시오.